NOTICE

sur le

CONCOURS GÉNÉRAL AGRICOLE

de Constantine, en avril 1882

par

LÉON MATHISS

Ex-Officier de Marine

Délégué du département d'Oran au Concours de Constantine

'E TYPOGRAPHIQUE JULES BREUC[illegible], BEL-ABBÈS

1883

NOTICE

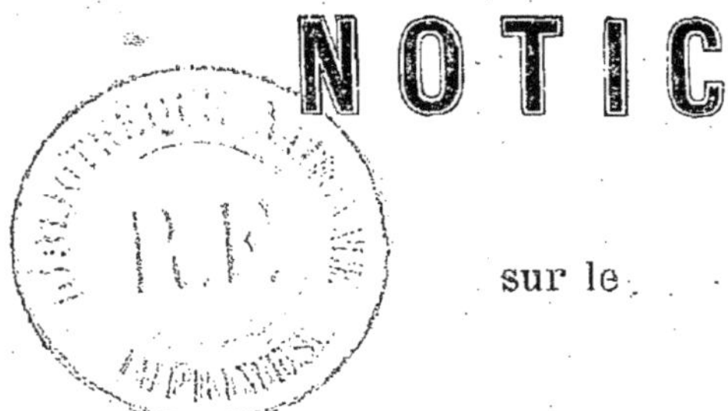

sur le

CONCOURS GÉNÉRAL AGRICOLE

de Constantine, en avril 1882

par

LÉON MATHISS

Ex-Officier de Marine

Délégué du département d'Oran au Concours de Constantine

IMPRIMERIE TYPOGRAPHIQUE JULES BREUCQ, BEL-ABBÈS

1883

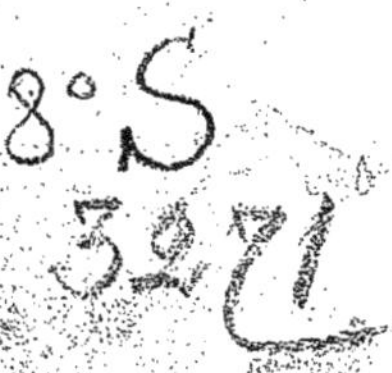

OUVRAGES DU MÊME AUTEUR

LA LOI DU 10 AOUT 1871 SUR LES CONSEILS GÉNÉRAUX (Thèse de licence). — Alger, 1878.

NAUFRAGE de L'AMAZONE AUX ANTILLES. CYCLONE DU 10 OCTOBRE 1871. — Oran, 1881.

DE L'EMPLOI DES CINQUANTE MILLIONS POUR LA COLONISATION OFFICIELLE EN ALGÉRIE. — Sidi-bel-Abbès, 1883.

A

MONSIEUR TIRMAN

GOUVERNEUR GÉNÉRAL CIVIL DE L'ALGÉRIE

Hommage de profond respect
de son très-obéissant serviteur,
LÉON MATHISS.

AVANT-PROPOS

Notre but est, avant tout, de faire œuvre de vulgarisation. Dans cette persuasion, et sur la proposition de M. Viviani, qui a présenté un rapport si remarquable, au nom de la Commission d'initiative du Concours agricole prochain de Sidi-bel-Abbès, la municipalité de cette ville a eu la gracieuseté de mettre à notre disposition un crédit de quatre cent cinquante francs, destiné à la reproduction des photographies intercalées dans notre publication et dont les clichés ont été tirés au Concours de Constantine par M. Nicolas, professeur de la chaire d'agriculture d'Oran.

De son côté, le Comice agricole de Sidi-bel-Abbès, sur l'initiative de son président, M. Bastide, a bien voulu prendre à sa charge les frais d'impression.

Nous nous faisons un devoir de leur en exprimer ici toute notre reconnaissance.

L. M.

TABLE DES ILLUSTRATIONS

Bel-Abbès. — Imp. de l' « l'Avenir de Bel-Abbès. »

N° 2. — **Étalon Syrien**, 4 ans, alezan doré, à Mme LAVEDAN et DANJEAN, de Sidi-Mabrouk.

1er prix : Races orientales pur sang.

Notice sur le Concours agricole
DE CONSTANTINE
en avril 1882

I. — CONSIDÉRATIONS GÉNÉRALES

§ I^e *De Philippeville à Constantine.* — Lorsqu'au mois d'avril d'une année pluvieuse comme l'a été en Algérie, jusqu'à cette époque, celle de 1882, l'on remonte la riche vallée du Saf-Saf pour se rendre, par la voie ferrée, de Philippeville à Constantine, on se croirait transporté au milieu des pâturages plantureux et renommés de la Nièvre, en apercevant, sur la plus grande partie de ce trajet, qui a 85 kilomètres, cette série admirable de prairies naturelles que n'interrompent que des champs de céréales bien cultivés et des vignobles verdoyants. De grandes fermes sont disséminées dans cette plaine privilégiée ; les collines bordant l'horizon sont boisées d'arbres d'essences les plus variées. Les yeux se reposent sur ces beaux tapis de verdure.

Heureux les colons de Saint-Charles, d'El-Harrouch, du Col des Oliviers, de Smendou et de Bizot, placés au sein de ces stations pastorales, d'une végétation si vigoureuse et si abondante, élément de succès pour l'élevage du bétail. Or, en agriculture, le bétail tient le premier rang ; il permet un commerce d'exportation très-lucratif, accroît la fertilité du sol, grâce aux engrais, auxiliaire indispensable de toute agriculture intelligente, produit le travail, le lait, la viande et des matières premières utilisées par l'industrie. L'exemple donné par les premiers éleveurs Européens a été rapidement suivi ; de vastes écuries et des parcs à bestiaux suffisamment étendus ont été construits en grand nombre, de façon à enlever aux

Indigènes le monopole de l'élevage et de la production du bétail dont ils jouissaient exclusivement, il y a à peine dix ou quinze ans.

Que de progrès réalisés depuis ce temps !

Aussi, le rapporteur de la prime d'honneur décernée à M. Tournier, d'El Kantour, après avoir rappelé que le nombre des concurrents à Bône, en 1879, était de trois seulement, à Oran de sept l'année suivante, et enfin, à Alger de trente cinq, constatait-il qu'en 1882, dans les arrondissements de Constantine et de Philippeville admis à concourir, trente-huit concurrents s'étaient fait inscrire.

« Non-seulement, dit M. Hügel, les façons données au sol sont bien exécutées, les bâtiments d'exploitation parfaitement tenus, le cheptel convenablement soigné et amélioré, mais encore tous les instruments perfectionnés, encore inconnus il y a dix ans, sont utilisés, employés avec méthode, et leur usage se généralise grâce à l'exemple offert par ces agriculteurs qui, tout en faisant leur fortune, entraînent tout le pays sur leurs traces.

« La vigne, dont l'ardent apôtre M. Dejernon, ne cesse d'encourager l'extension, a produit dans les dernières années, toute une révolution économique et agricole. La commission a pu constater les soins apportés à sa culture et les dépenses parfois considérables occasionnées par l'installation des caves et des appareils nécessaires. »

§ 2. *De la Colonisation officielle*

Dans d'aussi bonnes conditions de réussite, il semble que les colons installés par les soins de l'administration eussent dû tous parfaitement prospérer, et mieux certainement que dans le département d'Oran où les pluies sont moitié moins fréquentes et où les concessions accordées ont à peine le tiers ou la moitié de la superficie de celles livrées au peuplement officiel dans le département de

Bel-Abbès. — Imp. de l' « l'Avenir de Bel-Abbès. »

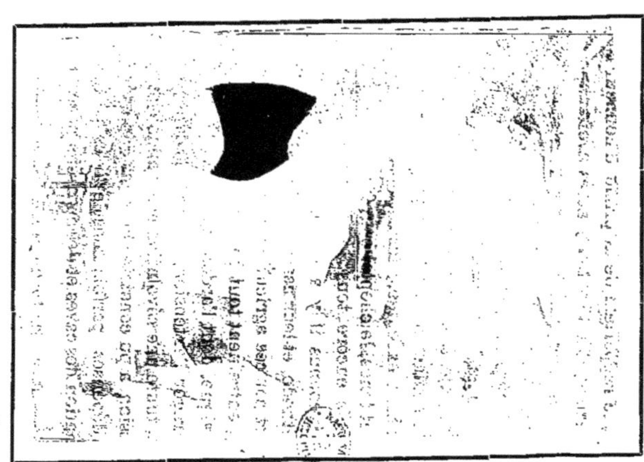

N° 66. — **Étalon barbe, dit Arabe,** 6 ans, gris clair (acheté 3,000 fr.) à SI-ALI-BEY, de Constantine.

l'Est. Il en est tout différemment cependant et une statistique récente en donne la preuve d'une façon irrésistible. — En effet, depuis 1871, près de la moitié des 4000 colons qui y ont été installés a disparu ; l'Etat a disposé en leur faveur, depuis cette époque de 264,000 hectares (soit une moyenne de 64 hectares par famille) représentant une valeur de près de 26 millions. Si l'on ajoute à cette dépense celle de 5 1/2 millions, faite pour les travaux publics, les 2282 concessionnaires installés primitivement et restés jusqu'à ce jour sur le sol, formant par suite le peuplement définitif obtenu directement, ont coûté plus de 13000 francs, en moyenne, chacun.

Comparons ces résultats à ceux du département d'Oran. Pendant la même période, ne disposant ni des ressources du séquestre dont les indigènes ont été frappés à la suite de l'insurrection de 1871, ni de vastes étendues de terres domaniales comme dans l'Est, l'Etat n'a pu mettre à la disposition de la colonisation dans le département d'Oran, que 82,000 hectares, acquis par voie d'expropriation, et ayant une valeur de 3 millions 1[2.

Les 2600 concessionnaires installés sur ces terres n'ont reçu, chacun, qu'une superficie moyenne de trente hectares. Cependant, 150 colons seulement ont abandonné leur concession, et le peuplement définitif, y compris les travaux publics qui se sont élevés à 4 millions comme dépense, n'a pas coûté à l'Etat 3000 francs, en moyenne, par famille.

C'est ainsi que, malgré la grande disproportion dans la dépense, 9,000 personnes ont été fixées définitivement depuis 1871, dans le département d'Oran, par la colonisation officielle, et 8000 seulement dans celui de Constantine.

Cependant, ce dernier est moins souvent désolé par des sécheresses, le sol y est généralement au moins aussi riche, le recrutement des colons y est le même. A quoi tient donc cette différence de réussite de la petite propriété dans les deux départements ?

Nous croyons pouvoir l'attribuer à deux causes : la rareté de la main d'œuvre et la richesse de l'élément indigène dans l'Est.

Oran est le passage de nombreux Espagnols et Marocains, ouvriers sobres, très-appréciés pour tous les travaux d'agriculture, depuis le défrichement jusqu'à la moisson. Le département de Constantine ne dispose guère comme travailleurs auxiliaires que des kabyles rendant d'excellents services mais numériquement insuffisants. L'élément arabe n'y loue guère ses bras aux Européens. En général aisés, les Indigènes de l'Est, où la tribu n'est pas encore désagrégée par l'implantation d'une nombreuse population de colons, préfèrent s'associer aux concessionnaires ou prendre en location leurs terres et même les acheter, dès que les entraves temporaires prévues par la législation ne s'y opposent plus. C'est là, suivant notre opinion, la cause d'échec la plus grave pour la colonisation officielle. Il est dangereux, en effet, pour le colon en but aux difficultés de la première heure, d'avoir la faculté de tirer un revenu immédiat de son nouveau domaine, sans travail ni peine, au moyen d'une location pure et simple aux détenteurs primitifs du sol.

§ 3. *Coup d'œil sur Constantine*

La ville de Constantine, siége du quatrième concours agricole annuel en Algérie, est suspendue sur un rocher à pic, surplombant le Rhumel qui l'enlace sur ses trois flancs dans un corset d'une eau mugissante, allant s'effondrer avec fracas aux grandes cascades de Sidi-Meçid, après avoir passé sous des voutes naturelles gigantesques adossées à la ville. Dans ces gorges, profondes de 200

Bel-Abbès — Imp. de l' « l'Avenir de Bel-Abbès. »

N° 97.— **Jument barbe, dite Arabe,** 4 ans, gris blanc, à ABD-EL-KERIM-BEN-BACHTARZI, de Constantin

1er prix des Juments de race Algérienne.

mètres et formées par la séparation de rochers d'une hauteur prodigieuse, à la suite sans doute d'un bouleversement géologique terrible, des émouchets font la chasse aux débris abandonnés par les tanneurs en très grand nombre, qui ont établi leur industrie au bord du ravin. La fabrication des ouvrages en peau est très-développée à Constantine ; la sellerie y jouit d'une grande réputation, et presque tous les indigènes de la province viennent s'approvisionner chez ses cordonniers.

La fabrication des tissus en laine, qui constitue, avec la précédente, les deux principales industries de l'ancienne Cirta, est plus importante encore ; elle comprend la confection des haïks, des burnous, des tapis et des tellis en laine à raies de couleurs variées.

Le quartier arabe est un des plus pittoresques de l'Algérie ; dans une série de rues inextricables et d'impasses, se succèdent des milliers de boutiques de marchands et artisans, ouvertes en plein vent ; forgerons, cafetiers, barbiers, fruitiers, bouchers, épiciers, brodeurs, etc.,

Mais l'agriculture a toujours été la principale source de richesse de cette province ; la Numidie était le grenier de Rome et dans la halle aux grains de Constantine il se traitait, il y a peu de temps encore, avant l'établissement des chemins de fer dans le Sud, dix millions d'affaires par an.

§ 4. *Emplacement du Concours*

C'est en face de cette halle immense, couverte toute en fonte, et qui a servi de lieu de réunion et de fête pendant le concours de Constantine, qu'a été installée sur le square Vallée n° 2 ou square de la République, l'exposition des animaux et des produits agricoles. Un emplacement attenant à l'ancien parc à charbon, était réservé aux machines et instruments agricoles. Le square Vallée n°1, vis-à-vis de celui de la République, servait, pour les visiteurs, de lieu de repos des plus agréables, embaumé de violettes, de résidas et de fleurs variées, et de bosquets pleins d'ombrages.

§ 5. *Organisation du Concours*

Un mois à peine avant l'ouverture du concours agricole de Constantine, des doutes sur sa réussite se manifestaient encore dans l'opinion publique. Les débuts de l'organisation semblaient lents ; le commissaire général n'avait été désigné que le 12 février alors que la limite fixée pour les déclarations des exposants, par l'arrêté du ministre de l'agriculture, était le 15 février. — Mais ce délai fut prorogé et grâce à l'activité déployée, le jour de l'ouverture, l'installation matérielle était achevée, tout était prêt.

Qu'il nous soit permis cependant de signaler, à titre d'enseignement pour l'avenir, les inconvénients d'une organisation hâtive, laissant à la dernière heure le soin de règler des questions délicates, comme la nomination des jurys. Des détails importants sont souvent négligés lorsque le temps fait défaut.

C'est ainsi qu'une plus grande publicité des formalités d'admission eût diminué, à Constantine, le nombre des animaux refusés pour déclaration tardive.

Les abris, même pour ceux admis, furent insuffisants, des bandes de moutons et même des chevaux durent être parqués en plein air. Nous ajouterons que les boxes destinées aux chevaux étaient composées de voliges trop légères qui eûssent pu amener des accidents.

Enfin, aucune provision de gerbes n'avait été faite, et la saison de l'année ne permettant pas de s'en procurer sur place, il fut impossible d'expérimenter pratiquement,

N° 51. — **Étalon barbe**, 4 ans, bai, en tête 1 mètre 53.

(1er prix des Haras d'Algérie, en 1881)

A Abdallah-ben-Saad, de Sétif (Exposition collective du Comice Agricole de Sétif).

2e prix des Étalons de race Algérienne.

Bel-Abbès. — Imp. de l' « l'Avenir de Bel-Abbès. »

sous les yeux du public, les batteuses mécaniques, les lieuses, etc.

Nous espérons que la création annoncée d'une inspection d'agriculture pour l'Algérie permettra, à l'avenir, de pourvoir à temps à tous ces détails.

Mais, hâtons-nous de le dire, le concours agricole de Constantine a été extraordinairement brillant et l'exposition des animaux a dépassé, tant pour le nombre que pour la qualité des bêtes exposées, tous les concours précédents, en Algérie. L'ensemble a obtenu l'admiration de l'inspecteur d'agriculture délégué, M. Lambezat, qui n'a pas hésité à déclarerque ce concours eût pu rivaliser, avec avantage, avec un grand nombre de ceux des départements de France.

Nous ne saurions trop engager les comices agricoles à suivre l'exemple donné par celui de Sétif, auquel est dû, en grande partie, le retentissant succès de cette exposition. Un délégué avait été chargé, par cette assemblée, de choisir les produits et animaux les plus dignes d'être présentés, d'en faire la déclaration et de remplir toutes les formalités pour leur exposition, enfin de représenter le comice de Sétif pendant toute la durée du concours ; une somme de 300 francs lui avait été allouée pour ses frais. Un catalogue spécial à Sétif avait été imprimé. Chaque exposant recevait une indemnité de 20 francs par cheval ou bœuf, de 3 francs par mouton ou animal de petite taille. Pour subvenir à cette dépense, le comice a demandé et obtenu ultérieurement, du ministère de l'agriculture, une subvention de 1500 francs.

§ 6. *Dépenses*

Ainsi que l'on sait, l'Etat paye les objets d'art et médailles distribués, à titre de récompensé, aux exposants du concours agricole proprement dit; ce qui, avec certains frais, comme ceux du voyage de l'inspecteur d'agriculture, représente une somme d'environ cinquante mille francs.

Le marché à forfait passé entre la municipalité, à laquelle incombe le soin de l'installation, et la maison Decret, de Lyon, a été exécuté de part et d'autre sans difficulté, au prix de 25 000 francs stipulé dans la convention, auxquels il faut ajouter 5 000 francs, pour les appropriations des emplacements. La nourriture des animaux est fournie par les exposants et se paye suivant un tarif établi par adjudication spéciale de la municipalité. Cette dernière, toutefois, pourvoit aux litières. L'exposition industrielle et scolaire, malgré les avantages procurés par l'installation dans les bâtiments du théâtre en construction, a entraîné des frais dépassant les prévisions, en raison principalement des médailles nombreuses à distribuer. En y comprenant les fêtes, la dépense totale s'est élevée à 75 000 francs, sur lesquels 36 000 francs restent seulement à la charge de la municipalité de Constantine. Pour le surplus, il y a été pourvu par les recettes suivantes :

Subvention départementale	10 000 fr.
des communes mixtes	10 000 fr.
de la chambre de commerce . .	3 000 fr.
de la Société algérienne	500 fr.
Location des buvettes et contribution des cafetiers.	3 500 fr.
Produit des entrées aux différents concours	12 000 fr.
Ensemble des recettes	39 000 fr.

Le chiffre du produit des entrées (12 000 fr.) prouve tout le succès du concours, et d'autant plus éloquemment si l'on considère, d'une part, que le prix n'était fixé qu'à 0 fr. 50 par personne, les quatre premières journées, à

Bel-Abbès. — Imp. de l'« Avenir de Bel-Abbès. »

N° 128. — **Jument barbe, dite Arabe,** gris clair moucheté, 6 ans.

(1er prix de la Société hippique de Sétif, en 1881)

A MOHAMMED-SÉRIR-BEL-HADJ, de Sétif (Exposition collective du Comice Agricole de Sétif).

1 fr ; les trois journées suivantes, à 0 fr. 25 la dernière journée et que l'entrée a été gratuite pendant tout un dimanche, et, d'autre part, qu'un grand nombre de cartes de faveur ont été distribuées, d'abord par le commissaire général, ensuite par la municipalité cédant, en dernier lieu, à l'entraînement. Ajoutons que la pluie tombant à torrents le jour de l'ouverture du concours et les deux jours suivants, a retenu un certain nombre de personnes chez elles. Non-seulement, cette circonstance atmosphérique a entravé l'ouverture du concours, mais en détrempant la terre d'une facon excessive, elle a empêché les essais de charrues bi-socs, des houes à cheval pour cultures de céréales en lignes et des charrues vigneronnes, qui devaient avoir lieu à la pépinière.

Aussi, l'assemblée des délégués a-t-elle émis le vœu que l'époque du concours soit reculée à l'avenir pour le département de Constantine, où le printemps est plus tardif que dans les deux autres de l'Algérie.

II. — EXPOSITION DES ANIMAUX

§ 1. — ÉTAT COMPARATIF DES DIVERS CONCOURS EN ALGÉRIE

L'attente que nous avait fait concevoir l'aspect des pâturages de la vallée de la Saf-Saf n'a pas été déçu. L'exposition des animaux, à Constantine, a été de beaucoup la plus remarquable que l'on ait vue en Algérie, tant par la qualité que par le nombre des sujets, principalement dans l'espèce chevaline.

Le tableau suivant fait ressortir l'importance croissante des concours dans la colonie.

Années	SIÈGE des Concours	Espèce chevaline	Espèce bovine	Espèce ovine (lots)	Espèce porcine	Animaux gras	Total du nombre d'animaux exposés
1879	Bône........	80	84	36	6	43	249
1880	Oran........	163	68	19	4	45	299
1881	Alger.......	170	50	42	15	12	289
1882	Constantine .	280	150	58	24	35	547

§ 2. ESPÈCE CHEVALINE

L'espèce chevaline était divisée en six catégories, savoir : 1. races orientales de pur sang (chevaux syriens et analogues) ; 2. race algérienne et ses dérivés, barbe, arabe, etc. ; 3. races pures non dénommées ci-dessus et croisements divers, comprenant les races propres à la selle et au trait léger et celles de trait ; 4. les baudets propres à la reproduction mulassière ; 5. les juments mulassières ; 6. enfin les mulets, mules, ânes et ânesses.

1° RACES ORIENTALES DE PUR SANG

Cette classification par race est très-rationelle et répond très-bien aux produits du pays. Mais, de l'avis général, et un vœu en ce sens a été émis par la réunion des délégués, le prix le plus important (une médaille d'or et 500 fr.) ne devrait pas être attribué aux chevaux syriens irritables et rendant de moins grands services que nos chevaux de race barbe indigènes. Ces derniers sont moins brillants peut-être sous le cavalier, mais vigoureux et dociles, ils sont plus aptes à supporter les fatigues, les privations et les intempéries de la guerre et à servir au trait léger.

Bel-Abbès. — Imp. de l' « Avenir de Bel-Abbès. »

N° 68. — **Étalon barbe, dit Arabe**, 7 ans, bai, à Si-Ali-Bey, de Constantine.

2° RACE ALGÉRIENNE ET SES DÉRIVÉS

La region de Sétif présentait une exhibition de chevaux de race barbe pure d'un ensemble remarquable, principalement en ce qui concerne les juments, aux formes amples, étoffées et harmonieuses, — mais aux jarrets peut-être un peu élevés.

Ces chevaux ont une taille variable de 1 mètre 50 à 1 mètre 58 centimètres.

En admirant le groupe présenté par le comice de Sétif, les visiteurs étaient unanimes à repousser les croisements essayés pour arrêter, en Algérie, la décadence de la race chevaline. Les partisans de la sélection et de l'amélioration de la race indigène par une bonne nourriture, triomphaient sans discussion. Cette alimentation, à Sétif consiste en paille d'orge et orge en abondance, suivant le système suivi pour les chevaux pur sang, en Europe, ou l'orge est remplacé par l'avoine.

Nul n'ignore que les étalons deviennent très-rares en Algérie. Les éleveurs de la région de Sétif affirment que dans quatre ou cinq ans il sera difficile à l'Etat et au commerce de faire encore l'acquisition de bons chevaux.

Si l'on veut garder cette excellente race barbe qui nous a rendu de si précieux services, il est urgent de prendre des mesures énergiques.

En premier lieu, nous formons le vœu que les créations de jumenterie soient multipliées en Algérie, et que chaque région de production importante, comme Sétif et Relizane, en soit dotée le plus tôt possible.

Suivant la méthode suivie à la jumenterie de Tiaret, c'est au choix et à l'abondance de la nourriture, et à la sélection parmi les mâles et surtout parmi les femelles, qu'il faut demander l'amélioration de la race.

Les indigènes pratiquent cette méthode avec succès ; nous disposons de moyens qui nous permettent de faire mieux qu'eux.

Il est indispensable aussi, que les accouplements soient l'objet d'un contrôle attentif de la part de l'administration et soient notés avec soin.

En Angleterre, des stud-book (livres d'écurie) particuliers existaient déjà du temps de Charles Ier et de Cromwell et ont été réunis, au commencement du siècle, en un seul livre formant aujourd'hui quatorze volumes appartenant à M. Weatherby.

En France, l'ordonnance du 3 mars 1833 institua une commission chargée de déterminer les chevaux dignes de figurer sur un stud-book ; le premier volume parut en 1837 et aujourd'hui ce travail en comprend six.

La création de stud-book algériens présenterait le plus grand intérêt.

Il importe enfin, de favoriser la production par l'initiative individuelle, d'une façon plus efficace encore pour encourager ses efforts, par l'élévation du prix des achats de la remonte, prix qui, actuellement, n'est pas assez rénumérateur. Nous ne saurions trop le répéter, il y a un intérêt national à améliorer et à multiplier notre race indigène qui a fait ses preuves comme chevaux de guerre sur tous nos champs de bataille, en Crimée comme dans lè Sahara, et forme des attelages infatigables, au milieu des plus fortes chaleurs de l'été.

3° RACES ET CROISEMENTS D'EUROPE

Dans cette catégorie, les races étaient, pour la plupart, mal dénommées au catalogue, ou même n'y étaient pas mentionnées. Aussi croyons-nous utile de rappeler, tout d'abord, ici quelques définitions.

C'est dans le centre montagneux de la presqu'île de

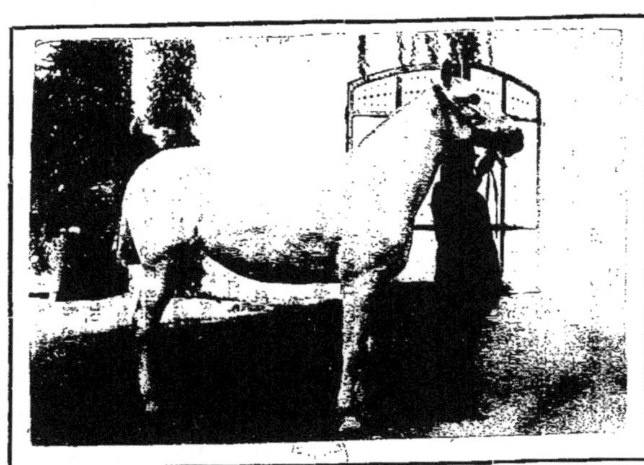

Pomaré. — Jument barbe anglo-limousine. 20 ans, taille 1 mètre 63, élevée au domaine Guebar-el-Aoun (département de Constantine), chez M. Nicolas, professeur de la Chaire d'agriculture.

Bel-Abbès. — Imp. de l' « l'Avenir de Bel-Abbès. »

l'Arabie pénétré par Palgrave et quelques rares européens, ainsi que dans les déserts pierreux ou « nefoud » qui environnent ce centre et l'entourent comme d'une ceinture le séparant des rivages de la mer, qu'est né le cheval *arabe* proprement dit, le seul méritant la qualification *d'arabe de pur sang*, mais confondu souvent avec le *syrien*. Ce dernier, n'est autre que le cheval arabe, facilement acclimaté en Syrie, en raison de la proximité de ce pays avec la péninsule arabique, et rendu accessible aux acquéreurs étrangers.

Le type de pur sang *anglais* a été créé d'abord, pendant deux siècles, par la naturalisation du cheval de l'Arabie, puis par sa reproduction, jusqu'à nos jours, avec les sujets les plus remarquables, choisis judicieusement parmi les nombreux sujets obtenus, mais sans alliance avec un autre sang. Les modifications profondes de formes et de qualités subies par la race originaire sont dues à l'influence exclusive du milieu humide de l'Angleterre.

D'autre part, lorsque les Arabes au VIIe siècle firent la conquête du Nord de l'Afrique, ils y trouvèrent la race autochtone *barbe*, avec laquelle se croisèrent leurs chevaux de l'Arabie. La perpétuation de ces alliances a donné lieu aux produits improprement désignés, au concours de Constantine, sous le nom de chevaux *arabes* comme *variété de la race algérienne*. Mais, par l'effet de l'attavisme, partout où ce sang oriental ne s'est pas renouvelé, et surtout dans les régions comme Sétif où la sélection a été pratiquée, la race barbe est revenue à ses qualités distinctives premières de *formes*, de *vigueur*, *d'énergie*, de *souplesse* et de *résistance*. Ces qualités propres sont précieuses à conserver, puisqu'elles en font, comme nous l'avons dit, des chevaux par excellence pour la remonte de la cavalerie et pour les attelages rapides

Toutefois, si, d'une part, le cheval barbe a beaucoup de *fond*, il laisse à désirer comme *vitesse* et le pur sang anglais l'a aisément dépassé sur tous les champs de courses où la lutte a été engagée. Si, d'autre part, le barbe est très-rustique, il manque encore de *fòrce* pour satisfaire aux besoins du *gros trait*.

De là une double tendance à essayer des croisements de nos juments, soit avec des étalons *anglais* pour augmenter la *rapidité* dans la course, soit avec des *races diverses d'Europe* pour accroître le *poids* et le *volume*.

Le premier de ces croisements n'était représenté à Constantine que par un sujet unique. A ce propos nous remarquerons que l'espace était trop restreint à ce concours pour y permettre l'essai de chevaux à toutes les allures ; le jury en a senti l'inconvénient sérieux. Nous n'avons donc pu être mis à même d'apprécier la qualité essentielle de la jument anglo-barbe présentée. D'ailleurs les essais de création de ce type sont relativement trop récents pour qu'il soit prudent de se prononcer ; mais les efforts de plusieurs sociétés hippiques en Algérie et notamment de celle d'Oran, qui est entrée très-franchement dans cette voie par ses encouragements aux producteurs, permettront d'être fixé dans un avenir prochain.

Les croisements avec les races d'Europe étaient, au contraire, des plus variés : *bretons*, *nivernais*, *porcherons*, *meklembourgeois*, *limousins*, *tarbes*, etc. — Ces produits étaient, à la vérité, plus *massifs* et *puissants* que les chevaux indigènes ; mais quelle charpente *décousue* et *disproportionnée !* On peut en juger par le cheval *barbe-nivernais* et la jument *bretonne* qui ont obtenu les premiers prix dans la sous-catégorie des races *de trait*.

Bel-Abbès. — Imp. de l' « l'Avenir de Bel-Abbès. »

N° 191 — **Cheval barbe, Nivernais**, 6 ans, gris clair, à M. Lavie Pierre, à Constantine.

1er prix: Races de trait.

N'est-il pas permis de se demander si les soins que réclament ces races transplantées en Algérie compensent leurs avantages en *corpulence* et en *poids* ; et de craindre que, croisés avec la race indigène, leurs produits soient destinés à perdre, après deux ou trois générations, à la fois la *rusticité* du barbe et la *puissance* du cheval d'Europe, pour ne garder que les *déformations* d'un *type abatardi?*

Nous pensons que les éleveurs de Sétif, et ceux qui suivent la même voie, sont dans le vrai, et que la meilleure méthode pour arriver à produire des chevaux capables de satisfaire aux besoins de la culture et des charrois en Algérie, est d'opérer par *sélection* sur la race indigène, en portant toute son attention sur la *performance* dans le choix des géniteurs. *L'influence du milieu,* dont le pur sang anglais est un exemple si frappant, et la *résistance aux alliances* qu'à prouvée le cheval barbe en revenant à son type primitif malgré son contact longtemps prolongé avec les chevaux de l'Arabie, nous confirment dans l'opinion que ce procédé est plus sûr, pour atteindre le but recherché, que celui qui consiste à tenter de créer dans ce pays un *type nouveau* par des *croisements Européens*.

§ 3. ESPÈCE BOVINE

Trois fois plus importante en nombre que celle du concours d'Alger, l'exposition de l'espèce bovine à Constantine n'égalait pas cependant, en qualité, celle de l'espèce chevaline dont nous venons de parler.

1° RACE DE GUELMA

La race de Guelma, que nous nous attendions à admirer, n'était représentée que par quelques spécimens assez médiocres ; les producteurs du département étaient unanimes à reconnaître qu'il eût été facile d'en trouver des types infiniment supérieurs dans le pays. Aucun prix n'a été décerné aux taureaux de cette race ; quant aux deux emelles qui ont obtenu le second et le troisième prix, elles n'offraient rien de remarquable.

2° RACES NORD-AFRICAINES.

Les variétés des montagnes, au poil plus rude et de plus petite taille que celles des plaines ou de Guelma, étaient moins nombreuses encore. Les sujets présentés étaient cependant, relativement, d'un choix meilleur, et le jury a pu leur décerner un premier prix et trois autres prix.

Cette négligence apportée par les producteurs à améliorer la race indigène par la sélection et à développer ses qualités naturelles, est d'autant plus regrettable que, dans le département de Constantine, il est facile de se procurer, presque partout, des fourrages suffisants, sinon pour l'élevage de races européennes, du moins pour le perfectionnement de celle du pays, si rustique, insensible aux intempéries du froid comme de la chaleur, apte à l'engraissement et au travail, d'une façon incomparable, pour les charrois et pour les cultures, supérieure à toutes les autres comme sobriété et comme résistance. Elle ne peut égaler, il est vrai, les races européennes, pour la précocité et pour la production de la viande et du lait, mais elle convient admirablement aux nécessités agricoles du pays et elle n'exige pas des soins et des conditions exceptionnelles de richesse fourragère qu'il est rare de rencontrer en Algérie.

3° RACES PURES D'EUROPE ET CROISEMENTS

Tout l'intérêt de l'exposition des bêtes bovines, se trouvait dans les races d'Europe et les races croisées qui ne formaient ensemble qu'une seule catégorie.

L'extrême variété des croisements présentait un mé-

Bel-Abbès. — Imp. de l'« Avenir de Bel-Abbès. »

N° 195. — **Jument bretonne,** 8 ans, gris clair, 1 mètre 49, à M. Viguié, à Sétif (Exposition collective Comice Agricole de Sétif).

1er prix: Races de trait.

lange incohérent, presque inextricable pour les plus connaisseurs, et témoignant des tâtonnements nombreux des producteurs qui, pour la plupart, semblent avoir oublié que la première condition pour bénéficier des aptitudes particulières de races perfectionnées est de les placer, autant que possible, dans des conditions de vie analogues à celles de leur pays d'origine. Leur acclimatation est une opération compliquée, délicate, exigeant des capitaux assez considérables pour mener de front l'amélioration du bétail avec celles de la culture et des fourrages.

La sélection est une méthode plus sûre pour la généralité des cultivateurs, dans ce pays si souvent désolé par la sécheresse atteignant surtout les fourrages et rendant fort coûteuse l'alimentation des races étrangères au sol.

Sans doute, l'acclimatation de ces dernières est possible et donne des résultats très-appréciables comme précocité et production de lait entre les mains de quelques éleveurs émérites. Il faut citer en première ligne M. Arlès Dufour qui, une fois de plus, a obtenu à Constantine un légitime succès avec ses spécimens de Durham-Guelma pour lesquels il lui a été décerné deux premiers prix dans la catégorie des races propres au travail et à la viande.

Mais l'on sait les constructions savamment aménagées que cet agriculteur distingué et intelligent a dû faire pour protéger les animaux importés contre les rigueurs du climat algérien, les dispositions particulières prises pour l'ensilage du maïs au domaine de l'Oued-El-Halleug et les soins minutieux qui y sont apportés dans l'élevage de ce bétail de choix.

C'est en 1870 que M. Arlès Dufour, après quelques essais de croisements avec un taureau charolais, fit venir un premier reproducteur Durham qui ne tarda pas à succomber ; il en fut de même de quatre autres qui le remplacèrent successivement en dix ans.

Ce sont de lourds sacrifices qu'augmentent encore les soins à donner aux produits obtenus par le croisement : parcage nocturne et stabulation diurne, alimentation très-abondante, et transhumance afin de changer de temps en temps la nature des herbes ; enfin, stabulation prolongée chaque fois qu'il pleut et nourriture avec du fourrage ensilé. — Les résultats obtenus avec cette méthode sont, il est vrai, remarquables ; parti de la vache de Guelma, pesant environ 250 kilogrammes, M. Arlès Dufour est arrivé, par l'introduction du sang Durham, à obtenir des sujets d'un poids moyen de 400 kilogrammes, à 20 mois.

Son exemple a été suivi par M. Rimbert, président de la société agricole de Constantine, qui a présenté également plusieurs spécimens très-réussis de croisés Durham-Guelma.

Mais un type seul ne saurait convenir à toutes les régions de l'Algérie ; celui qui peut prospérer sur le littoral ne saurait être accepté qu'avec prudence sur les hauts plateaux. — On voit, par là, combien l'acclimatation des espèces étrangères est difficile, et avec quelle prudence les éleveurs doivent procéder à ces essais qui peuvent devenir facilement ruineux.

Dans la sous-catégorie des vaches laitières, les premiers prix ont été décernés aux croisés Schwitz-Arabes présentés par le Comice agricole de Sétif et créés par M. Rengade.

Enfin, dans la catégorie des animaux gras et des bandes de bœufs, les sujets exposés par M. Rimbert ont été très-remarqués.

§ 4. ESPÈCE OVINE

Si l'espèce bovine donne de la viande, du lait et du travail, l'espèce ovine, d'une utilité non moins grande, fournit de la viande et de la laine. Le premier de ces

Bel-Abbès. — Imp. de l' « l'Avenir de Bel-Abbès. »

N° 295. — **Génisse Durham-Guelma**, à M. Arlès-Dufour, d'Oued-el-Alleug.

2e prix : Races croisées, propres au travail et à la viande.

produits est d'un rendement considérable dans les races anglaises, mais leur précocité, comme celle des Durhams de l'espèce bovine, ne se maintient lorsqu'on les exporte, qu'à la condition d'entretenir les *southdowns*, les *shropshire* et surtout les *dishley*, dans les mêmes conditions d'alimentation par de riches et abondants pâturages et de donner aux moutons peu d'espace à parcourir. Les longues marches de retour pour parquer, le froid ou la chaleur ne sauraient convenir à des animaux qu'on destine spécialement à la production de la viande.

1° MÉRINOS

Les mérinos français ont, au contraire, la spécialité de la laine ; mais leur acclimatation en Algérie présente les plus grandes difficultés et n'est même possible que dans des situations tout-à-fait exceptionnelles. Cette race était représentée au concours par trois béliers et quatre lots de trois brebis, dont l'un appartenant à M. Arlès Dufour a été primé.

2° RACE BARBARINE

La race barbarine était également très-faiblement représentée à Constantine ; en raison du discrédit général dans lequel cette race est tombée, les délégués des comices agricoles ont émis le vœu, en assemblée générale, qu'à l'avenir elle soit exclue des concours en Algérie. En conséquence, aucun prix ne lui sera décerné à Bel-Abbès en 1883.

RACE DES HAUTS PLATEAUX ET DU SUD

La vraie race ovine du pays est celle des hauts-plateaux et du sud, à face brune et à face blanche, très-rustique, peu sujette aux maladies, très-féconde, supportant aussi facilement les privations que les changements de climat. L'Indigène, qui en est presque exclusivement le producteur, abandonne ces animaux aux soins et aux lois de la nature; fataliste, il repousse tous les conseils qui lui sont donnés de constituer des réserves de fourrage et de construire des abris, afin de préserver son bétail pendant les hivers parfois très-rigoureux dans le sud; aussi, l'année de sécheresse de 1881 a-t-elle fait près d'un dixième de victimes parmi les troupeaux, dont le nombre de têtes en Algérie s'élève à près de dix millions; leur exportation annuelle atteint environ trois à quatre cent mille moutons valant plus de huit millions.

On connaît les moyens primitifs employés par l'Indigène pour la tonte; l'emploi de la faucille rend la toison irrégulière; souvent elle est mêlée de jarres et de matières étrangères; il en résulte qu'elle ne se vend que 1 fr. à 1 fr. 50 la livre en suint; cependant elle est recherchée et son exportation dépasse six millions de francs par an, malgré les fraudes commises par les indigènes qui ont failli compromettre ce marché. Les Européens sont peu producteurs; ils sont plutôt engraisseurs; cette opération de la mise en chair de bêtes maigres donne des bénéfices certains et convient parfaitement aux conditions climatériques de l'Algérie, les races perfectionnées étant trop exigeantes pour pouvoir être élevées sur la généralité des domaines agricoles.

Comme à Alger, l'année dernière, les moutons du sud et des hauts plateaux ont été très-remarqués au concours de Constantine où 20 lots de cette race étaient exposés; le premier prix a été décerné à M. Rimbert.

L'administration a compris l'immense source de richesses que nous avons là entre les mains et l'intérêt sérieux qui s'attache pour l'Algérie à l'amélioration des troupeaux possédés par les Indigènes.

C'est dans ce but que le ministre de l'agriculture a créé la bergerie de Moudjebeur, ouverte depuis novembre

Bel-Abbès. — Imp. de l' « Avenir de Bel-Abbès. »

N° 325. — **Taureau Schwitz-Fribourg**, 18 mois, pie noir, à M. MIGUET (M. RENGAD). Exposition collective du Comice agricole de Sétif.

1er prix: Races laitières

1880 et à laquelle est annexée une école de bergers. Des établissements semblables sont en voie de création dans les départements de Constantine et d'Oran ; dans ce dernier, l'emplacement qui y est destiné est à peu près arrêté déjà et des pourparlers ont été engagés pour l'achat d'une propriété, près de Fortassa.

Nous aurions vu avec plaisir la réalisation du vœu exprimé par la réuuion des délégués, que les races ovines Indigènes obtiennent un plus grand nombre de prix et au moins autant que ceux prévus en faveur des mérinos.

4° CROISEMENTS

Avec une culture intensive et des pâturages succulents, première condition pour l'amélioration du bétail, certains croisements donnent de bons résulsats. De très-beaux types mérinos-arabes étaient exposés à Constantine, notamment par M. Rengade qui a obtenu un premier prix pour les mâles de cette catégorie et un deuxième prix pour les brebis.

Parmi les autres races croisées, les shropshire-arabes de M. Arlès-Dufour ont été remarqués; leur corps bas sur jambes, à laine de qualité supérieure, et en parfait état de graisse, atteint un poids de 60 kilos à onze mois, résultats qui ne sont guère dépassés dans les concours d'animaux gras à Paris ; cinq lots de cette espèce étaient exposés par cet agriculteur, qui a obtenu à juste titre les deux premiers prix pour cette catégorie (mâles et femelles).

§ 5. ESPÈCE PORCINE, ANIMAUX DE BASSE-COUR, etc,

L'espèce porcine a donné lieu, depuis quelques années, en Algérie, à une industrie prenant un certain développement, mais elle ne saurait présenter, dans les concours, rien de spécial à la colonie comme production ; un certain nombre de types anglais ou croisés anglais ont été exposés ; parmi les races françaises, celles du Périgord et de la Savoie ont obtenu des récompenses.

Quant aux animaux de basse-cour, ils étaient en général de petite taille et n'offraient rien de remarquable ; de nombreux prix leur ont été cependant décernés.

L'exemple donné à Alger n'a pas été suivi au concours de 1882 en ce qui concerne les autruches ; aucun animal n'a été présenté.

Enfin trois prix ont été accordés à l'espèce cameline — (dromadaires)

III. — INSTRUMENTS

§ 1. EXPOSANTS

L'exposition des instruments ne pouvait avoir la même importance qu'à Alger, dans une ville située à une certaine distance du littoral et où, par suite, les frais de transport d'un matériel pesant sont plus coûteux. Cependant, 569 instruments, dont 17 locomobiles, ont été présentés et disposés, malgré une pluie battante, sur l'emplacement désigné, fort bien choisi d'ailleurs.

Nous avons été très-frappé de la proportion considérable des exposants algériens, qui s'élevait à 34 sur 66 (plus de la moitié) tandis qu'à Alger ce nombre n'était que de 45 sur 129 exposants. — Quatre récompenses leur ont été décernées pour les charrues vigneronnes, une pour les pompes à vin et une pour pressoirs à vin. — La maison Billard, d'Alger, qui mérite une mention toute spéciale, a obtenu, avec la maison Pilter qu'elle représente, 7 récompenses.

Ces simples chiffres indiquent les progrès importants faits par l'industrie en Algérie et l'on ne saurait assez en-

Planche 1.

NOUVEAUX SEMOIRS UNIVERSELS GARRET

M. BILLARD, représentant à Alger (Mustapha)

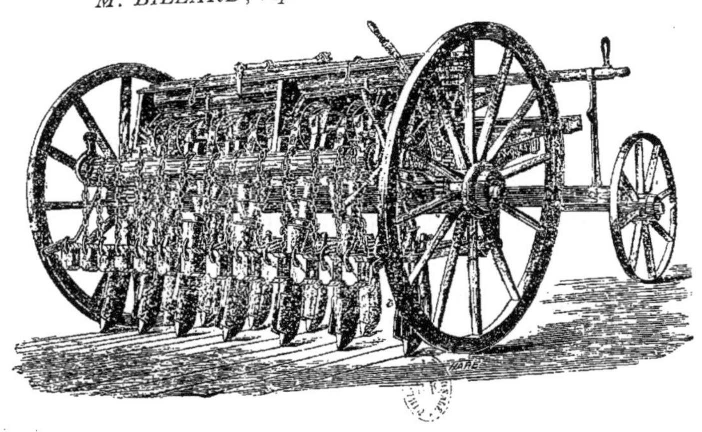

courager ses efforts. La première condition pour la vulgarisation de l'emploi des machines agricoles, est de trouver dans le pays même des constructeurs capables non-seulement de les conduire et de faire les réparations nécessaires en cas d'accident, mais même d'introduire au besoin certaines modifications pour adapter ces précieux outils aux conditions spéciales de la culture algérienne.

Parmi les constructeurs français, si l'on a remarqué l'abstention de MM. Aultmann et Cie, de Paris, dont l'exposition avait été très-complète à Alger l'année précédente, par contre d'autres maisons importantes ont pris part pour la première fois à un concours dans notre pays; nous citerons notamment MM. Waite Burnell et Cie, de Paris, qui ont remporté 5 récompenses sur 8 catégories, M. Piquet, à Sartrouville (Seine-et-Oise) qui a obtenu un premier prix pour son pressoir, et M. Emile Puzenat, de Bourbon Lancry (Saône-et-Loire) qui a présenté une collection remarquable de herses articulées dites « merveilleuses universelles, » dont la barre fixe, par une ingénieuse modification, est remplacée par une série de barres indépendantes donnant à la herse une plus grande soup'esse et permettant le travail dans tous les sols, qu'ils soient nivelés ou non.

Aucune récompense n'était prévue dans le programme de Constantine pour les herses de grande culture, ni pour les faucheuses, scarificateurs, extirpateurs et rouleaux brise-mottes ; ces divers instruments seront admis à concourir à Bel-Abbès, de même que les instruments d'intérieur de ferme propres au nettoyage des semences et les haches-paille à grand travail, non primés à Constantine.

Planche II,

NOUVELLE MOISSONNEUSE-LIEUSE VVOOD. -- M. BILLARD représentant à Alger (Mustapha)

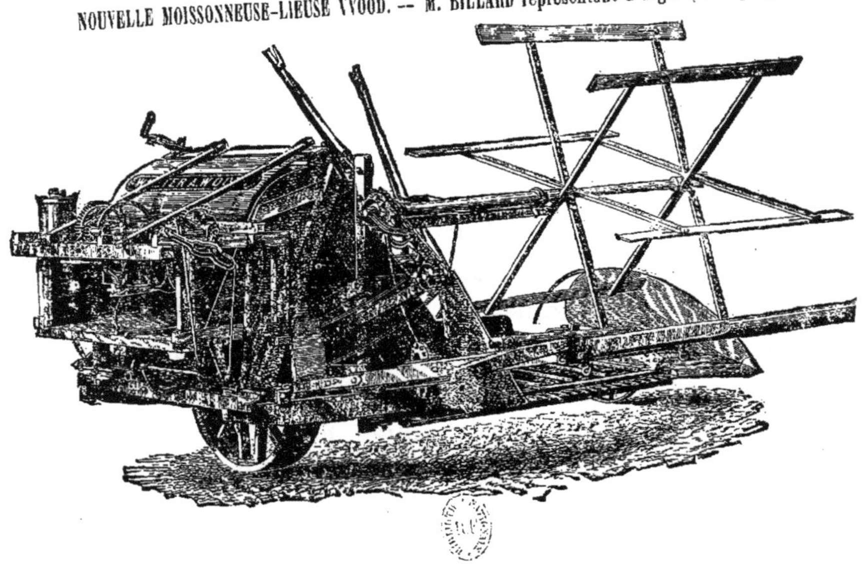

§ 2. INSTRUMENTS D'INTÉRIEUR DE FERME

1° CHARRUES A VAPEUR

A défaut de concurrent, le jury n'a pu décerner les trois prix prévus pour appareils de culture à vapeur, destinés au défoncement à 35 centimètres de profondeur au moins. Nous regrettons l'abstention de MM. Debains et de M. Pilter dont la charrue Fowler est apte à rendre de si grands services en Algérie pour le défoncement du sol destiné aux plantations de vignes prenant de jour en jour une si légitime extension ; on sait que ces travaux de défoncement profond sont très-difficiles avec les bœufs du pays, trop légers et trop faibles.

2° CHARRUES BISOCS

L'exposition de charrues bisocs, pour labours légers de 12 à 15 centimètres de profondeur, était très-complète et digne de l'étude des agriculteurs de la contrée.

3° SEMOIRS

Les prix des semoirs pour culture en ligne de toutes graines dans les grandes exploitations, ont été remportés par MM. Benjamen Reid et Cie, à Paris, et par M. Pilter pour son semoir universel Garret (Planche 1).

4° MOISSONNEUSES-LIEUSES

Les moissonneuses-lieuses étaient admises pour la première fois en Algérie à concourir aux récompenses. Parmi les principales modifications faites à ces instruments, d'un emploi de plus en plus répandu dans le pays, nous signalerons une combinaison ingénieuse au moyen de laquelle, par un simple changement de pignons faciles à débrayer et à embrayer, le conducteur peut de son siège, à l'aide d'un levier et sans changement d'allure, régler à volonté la vitesse soit de la coupe soit du javelage. ou bien encore, au moyen d'un autre levier, rabaisser en

Planche III

CHARRUES VIGNERONNES RENAULT-GOUIN

M. BILLARD représentant à Alger (Mustapha)

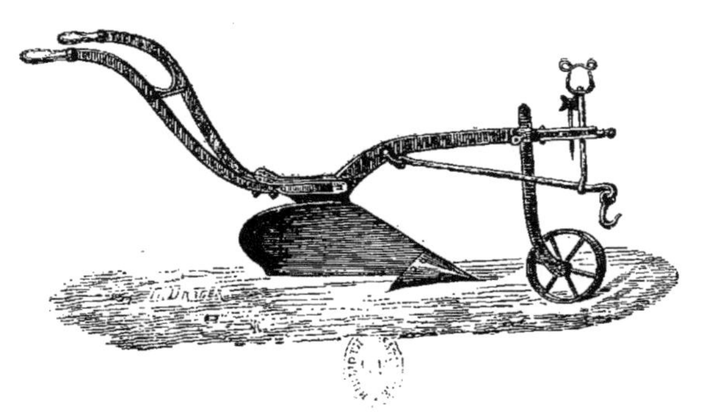

arrière le bâti et élever ainsi les pointes de la scie lorsque les inégalités du sol l'exigent.

La moissonneuse-lieuse (à fil de fer) système Wood, si populaire et présentée par M. Billard a, une fois de plus, obtenu le premier prix.

On sait que le nouveau modèle des faucheuses et moissonneuses Wood, a reçu divers perfectionnements, consistant dans la fermeture des engrenages, garantis ainsi contre la poussière et l'introduction de matières étrangères, et dans le mouvement qui est pris directement sur l'essieu des roues motrices : Ces roues n'ont plus comme fonctions que de communiquer le mouvement et de supporter la machine. Le frottement de la lame se fait entièrement sur la plaque en acier, de façon à empêcher son usure et sa fracture qui se produisait fréquemment et toujours au même endroit, au portage. — Le second prix, dans cette catégorie, a été décerné à la moissonneuse-lieuse-Mac-Cormick, exposée par MM. Waite-Burnell (Planche 2).

5° HOUES A CHEVAL

Ces derniers ont également été récompensés pour leur houe à cheval, catégorie dans laquelle M. Pitter a obtenu le 1er prix, avec le système Garret.

6° CHARRUES VIGNERONNES

Les charrues vigneronnes sont arrivées à un grand degré de perfectionnement, on connaît les services importants qu'elles rendent, en dispensant du bêchage au pic si lent et si coûteux comme main-d'œuvre ; leur emploi a contribué à modifier le système des plantations trop rapprochées, nuisible à la fructification et à la maturation des vignobles.

La première condition à remplir par les charrues vigneronnes est de permettre de labourer tout près des ceps sans les endommager.

Planche IV

BATTEUSE GARRETT, mue par le locomobile Garret

M. BILLARD représentant à Alger (Mustapha)

La charrue de M. Renault Gouin de Saint-Maure, représenté par M. Billard à Alger, charrue si remarquée à l'exposition de Paris en 1882, atteint très-bien ce but par la disposition de son avant-corps et par la mobilité de ses manchons et de son régulateur; un axe mobile permet d'appliquer cet instrument à un corps de butteur, de scarificateur ou d'extirpateur, suivant les besoins. Le versoir et le soc sont en acier. Le prix de cette charrue, modèle courant, est de 80 francs (Planche 3).

§ 3. INSTRUMENTS D'INTÉRIEUR DE FERME

1° MACHINES A BATTRE

Faute d'approvisionnement de gerbes, nous l'avons dit, les instruments d'intérieur de ferme n'ont pu être essayés ; — nous espérons que cet oubli sera réparé au concours de Sidi-bel-Abbès. Tous les agriculteurs ont regretté de ne pas voir expérimenter les machines à battre le blé dur, mues à la vapeur, en faveur desquelles, pour la première fois dans la colonie, des récompenses avaient été réservées. Ces essais sont indispensables pour juger de leur fonctionnement pratique et répandre leur usage qui tend à se généraliser dans les grandes exploitations et même parmi les moyens propriétaires lesquels se syndiquent à cet effet. Les principaux exposants étaient M. Pilter, dont la batteuse avec locomobile Garret (Planche 4) convient si bien aux grandes exploitations ou aux entreprises de battage et MM. Dudouy, Waite-Burnell, Gantreau et la Société française de matériel agricole de Vierzon (Cher.)

Cette dernière a obtenu le premier prix pour sa machine à retour de flamme et batteuse à essieux en fonte, avec élévateur de paille, permettant de faire avec quinze hommes le travail des quarante ouvriers ordinairement exigés.

Bel-Abbès. — Imp. de l' « Avenir de Bel-Abbès. »

N° 344. — **Génisse Schwitz-arabe**, 4 ans, froment clair, à M. Niogel, à Sétif (Exposition collective d[u] Comice Agricole de Sétif).

1er *prix*: *Races laitières*

2° POMPES ET NORIAS

L'exposition des pompes et machines élévatoires pour usages d'irrigations était digne d'être remarquée ; les norias construites dans le pays ont atteint un degré de perfectionnement qui leur permet de lutter avec succès avec celles de la métropole ; nous citerons notamment M. Alliez, d'Alger, auquel le jury a décerné un premier prix.

En raison le l'importance toute particulière des appareils élévatoires pour la région de Bel-Abbès et aucune récompense n'ayant été prévue pour eux au concours de 1883, la municipalité de cette ville a décidé qu'elle décernerait des prix spéciaux dans cette catégorie.

3° APPAREILS VINAIRES

La partie la plus intéressante du concours à Constantine, pour la section des instruments, a été incontestablement l'exposition des appareils vinaires.

Sans parler des pressoirs bien connus de MM. Mabille frères, d'Amboise, et Piquet, de Sartrouville, nous citerons le nouveau filtre de MM. Vigouroux et fils de Nîmes, le seul instrument vraiment nouveau de tout le concours. — L'innovation consiste dans un joint mécanique du prix modique de 7 francs, pouvant être adopté aux anciens filtres et destiné à supprimer les inconvénients des ligatures des manches autour des entonnoirs.

IV. — PRODUITS AGRICOLES

Cette section, déjà moins importante à Alger qu'à Oran, a été la partie la plus faible du concours.

Il est vrai qu'un certain nombre de produits agricoles a a été classé par erreur dans l'exposition industrielle installée au nouveau théâtre de la ville.

§ 1. VINS ET VITICULTURE

Les vins présentés ne répondaient pas à l'importance

croissante que la culture de la vigne a prise dans cette contrée, sous l'impulsion de M. Dejernon, professeur d'agriculture, auquel le Conseil général du département de Constantine a donné la mission de vulgariser les méthodes les mieux adaptées au pays, pour le perfectionnement des plantations et l'amélioration de la fabrication et de la conservation des vins. Tout le monde a lu ses brochures si intéressantes sur la vigne en Algérie, sur les plantations en chaintres et sur le choix des cépages. — Chacun s'accorde à dire que c'est dans la vigne qu'est le véritable avenir de l'Algérie, les brillants résultats obtenus le démontrent ; que l'heure des tâtonnements est passée ; et que ce qui nous manque encore est une œuvre de vulgarisation permettant à tous les viticulteurs de profiter des études et des expériences individuelles faites partout. Nous ne pouvons donc résister au plaisir de faire connaître ici les principales divisions d'un ouvrage que va faire paraître M. Dejernon, pour combler cette lacune. Ce livre deviendra le vade-mecum de tous ceux qui voudront planter de la vigne.

1 volume sous presse. 1re partie. — Etudes historiques des vignes et des vins au point de vue colonisateur. Etudes économiques. L'Algérie agricole et viticole. — La vigne algérienne. Le compte d'un hectare planté en vigne. — Les productions algériennes en regard de la vigne. Causes qui ont empêché l'expansion de la vigne en Algérie. — Motifs qui font que l'Algérie doit se hâter.

2e partie. — Technologie. Principes physiologiques de la vigne. Climats. Terrains. Situation. Exposition. Engrais et amendements de la vigne. Cépages. Monographie des quatorze principaux cépages à propager. Synonymie nomenclature, valeur des cépages. projet.

2e volume, qui paraîtra six mois après le premier.

Bel-Abbès. — Imp. de l'« Avenir de Bel-Abbès. »

N° 404. — **Béliers du sud, sans cornes**, 1er prix, à M. Rimbert, de l'Oued-Dekri.

N° 399. — **Béliers du sud, avec cornes**, 2e prix, à M. Larrey, de Ras-Seguin.

1re partie. — Culture de la vigne depuis et y compris la plantation jusqu'aux vendanges.

2e partie. — Maladies de la vigne, intempéries, insectes ampélographes. Moyens préventifs et curatifs.

3e volume, qui paraîtra six mois après le second.

1re partie — Vinification selon le climat, le cépage, le but économique poursuivi.

3e partie. — Maladies des vins. Moyens préventifs et curatifs.

Une série de 50 photographies très-instructives exposée par M. Lesueur au concours de Constantine indiquait le mode de culture et le développement extraordinaire acquis par les divers plants de vigne de son domaine d'El-Mohader près de Philippeville, grâce aux procédés préconisés par M. Dejernon et pratiqués sous sa direction, à savoir : 1° défoncement profond. 2° espacement des plants à 1 mètre 50 les uns des autres. 3° plantation des sarments en enfouissant trois yeux seulement, le dernier à ras de terre et recouvert d'une poignée de sable ou de terre légère formant un léger bourrelet. 4° laisser pousser librement sans piocher, mais biner les mauvaises herbes pour tenir le terrain constamment propre. 5° dès la deuxième feuille et les années suivantes, tailler à bois court ou à bois long suivant les cépages, mais en laissant toujours beaucoup de porteurs. Une médaille d'argent grand module a été accordée par le jury à M. Lesueur pour cette série de photographies que nous voudrions voir exposées partout en Algérie à titre d'exemple à suivre. Les cépages employés à El Mohader sont : Ugny, Morastel, Pineau de Bourgogne blanc, Cabernet, Sauvignon, Côt vert et rouge de Bordeaux, Mourvêdre, Cabernet de Bordeaux, Verdot de Bordeaux, Antiboulin et Pineau de Champagne blanc.

Un excellent enseignement était également contenu dans les collections d'insectes utiles et nuisibles, et de dessins propres à l'enseignement agricole et principalement l'herbier pathologique des maladies de la vigne de M. Nicolas, professeur de la chaire d'agriculture de notre département.

Nous nous faisons un devoir de signaler également le carton écran exposé par M. Lagarde, conseiller général de Sétif, et destiné à préserver efficacement la vigne des gelées tardives. — Le principe repose sur l'interception du rayonnement nocturne par un écran protecteur consistant en un morceau de carton cuir goudronné, sablé à sa partie supérieure et percé de deux œillets bordés de métal ; ses dimensions sont ordinairement de 25 centimètres sur 20 de largeur et de quelques millimètres d'épaisseur, ce qui permet, pendant les neuf ou dix mois qu'ils sont inutiles, d'en placer des milliers dans un petit espace ; leur prix, fabriqué en grandes quantités, reviendrait à 7 francs le cent et sa durée pouvant être de sept années, la dépense ne serait que d'un centime par cep de vigne et par an Pour en faire usage, on réserve sur chacun des deux porteurs choisis, au moment de la taille de la vigne, un bout de sarment que l'on a soin d'ébourgeonner totalement ; aussitôt que la végétation commence, on fixe l'écran protecteur sur les sarments préparés ad hoc, par chacun de ses œillets, en ayant soin de courber l'appareil en toit arrondi dans la direction du Sud au Nord. Lorsque les gelées ne sont plus à craindre, l'écran est enlevé et l'on donne un coup de sécateur aux sarments ébourgeonnés qui ont servi de support.

Malgré la quantité considérable d'oliviers cultivés dans la province de Constantine, de rares échantillons d'huile figuraient au concours. M. Bastide, de Sidi-bel-Abbès, a

Bel-Abbès. — Imp. de l'« Avenir de Bel-Abbès. »

N° 32. — **Mouflon à 4 cornes**, d'un lot de 50 moutons du Hodna. Animaux gras, 1er prix, à M. LA[illegible] de Ras-Seguin.

N° 34. — Lot de 15 moutons **Mérinos arabes**, Animaux gras, 2e prix, à M. RIMBERT, de l'Oued-Dek[illegible]

obtenu une médaille d'argent pour ce produit et une médaille d'or pour son vin rouge.

Une médaille d'argent a également été décernée à M. Navarro, de Sidi-bel-Abbès pour ses blés tendres.

§ 2. LIÈGES

L'exposition des lièges n'était pas non plus en rapport avec le nombre et l'importance des exploitations dans le département ; de beaux échantillons ont été présentés toutefois par M. Carpentier, de Djijelli, par M. Bure, directeur de la Société civile d'Ouider à Bône et par l'exploitation de la forêt de Fadj-Macta.

§ 3. ALFAS

Nous avons remarqué une intéressante collection d'alfas travaillés, présentée par M. Douvre entrepreneur des prisons et comprenant des tresses plates, du filin à deux brins, des cordes rondes, des licols, traits de voitures nattes, couffins et tissus d'alfa. Quant à la transformation de cette plante en pâtes et papiers, elle figurait à l'exposition industrielle où les produits du domaine de Sièvres, aux Oulad Rhamoun, appartenant au comte de Montebello, ont été primés.

§ 4. RAMIE

Signalons enfin les échantillons de ramie envoyés de Mustapha par M. Hartog, dont la broyeuse-teilleuse, exposée à Alger et à Paris sous la raison sociale Roguet et Cie, à Paris, résoud le problème depuis longtemps cherché de la décortiation industrielle de ce textile appelé à remplacer le chanvre et le lin, sur lesquels il présente l'avantage de quatre coupes annuelles et d'une plus grande solidité. On voyait d'abord la ramie en longues baguettes, telle qu'on la récolte, puis la ramie broyée, décortiquée, peignée, blanchie et filée.

V. — EXPOSITION INDUSTRIELLE

Cette exposition, installée au théâtre, comprenait l'horticulture, les produits de l'industrie, les arts industriels, les beaux-arts, l'industrie indigène et l'exposition scolaire.

On peut se demander si, dans les concours algériens, cette partie intéressante, il est vrai, répond en importance et en utilité aux frais considérables qu'elle occasionne à la municipalité à laquelle incombent, avec l'initiative, toutes les dépenses, dont la principale consiste dans l'attribution des récompenses que l'Etat prend au contraire à sa charge pour les autres parties du concours.

Quoiqu'il en soit, les produits de l'industrie et de l'horticulture nous semblent tout au moins devoir être compris, et ils figuraient partiellement à Constantine, dans la section intitulée produits agricoles, horticoles et matières utiles à l'agriculture, en faveur de laquelle des prix sont prévus dans l'arrêté ministériel. Une confusion regrettable s'est établie à cet égard à Constantine ; des vins, des huiles, des lièges, des pâtes alimentaires, des fleurs et des plantes se trouvaient classés indistinctement dans les deux expositions et privés ainsi du bénéfice de concourir ensemble aux mêmes récompenses.

D'autre part, le ministère de l'agriculture vient d'entrer dans une nouvelle voie, en ce qui concerne la section scolaire : sept médailles d'or ont été prévues au concours de Bel-Abbès, pour l'enseignement agricole. Dans l'exposition industrielle proprement dite et spéciale, ne seraient donc plus à classer que les arts industriels tels que la carrosserie, la tuilerie etc ; — les beaux-arts et l'industrie indigène devenue fort peu importante par suite de la concurrence avec l'article de Paris.

Bel-Abbès. — Imp. de l'« Avenir de Bel-Abbès. »

N° 498. — **Dromadaire dit Chameau**, à Si-Ali-Bey.

VI. — FÊTES PUBLIQUES ET VŒUX

Les fêtes publiques ont consisté en un brillant festival de musique qui a duré trois journées, en concerts sur les places publiques, trois fois par jour, fêtes champêtres de nuit à la Pépinière qui méritait d'être visitée, concours de tir au stand qui ont obtenu un grand succès, punch aux sociétés musicales, bals à la halle, éclairage, tous les soirs, du square vallée à la lumière électrique, courses de chevaux, retraites aux flambeaux, illuminations etc. — enfin solennités des distributions des récompenses où d'intéressants discours ont été prononcés, notamment par M. le Préfet, M. Chevalier, maire de Constantine et M. Lambezat, inspecteur d'agriculture commissaire général du Concours. — L'impression générale a été excellente ; nous sommes persuadé que cette grande solennité a porté ses fruits et fait faire un grand pas de plus au progrès agricole, dans notre colonie douée de si riches éléments de prospérité.

Nous terminerons en résumant ici les principaux vœux exprimés par les délégués des comices agricoles, les membres du jury et les exposants, dans la réunion générale tenue le 14 avril, sous la présidence de M. Lambezat, pour proposer les modifications qu'il conviendrait d'apporter à l'arrêté des concours en Algérie.

Sur la proposition de M. Rimbert, l'assemblée, à l'unanimité, a demandé que pour être admis à concourir, les propriétaires des animaux exposés puissent justifier d'une possession de plus de six mois ; cette condition sera imposée pour le concours de Bel-Abbès (arrêté ministériel du 14 septembre 82), mais seulement en ce qui concerne les races indigènes. Pour les races européennes, il nous semble, en effet, qu'il y a lieu d'encourager leur présentation, afin de les faire connaître et de permettre aux éleveurs de la colonie d'apprécier leurs qualités et leurs défauts.

Le vœu avait également été émis de n'admettre au concours que des quantités d'un minimum de cinq litres pour les céréales, légumes secs, graines diverses, en exigeant des exposants l'indication de l'importance des cultures dont ils présentent les produits à l'examen.

L'assemblée a aussi exprimé l'avis qu'il y a lieu de mettre à l'étude de nouvelles zônes à établir pour les prix culturaux, de façon à ce que la région des hauts plateaux ne concoure pas avec celle du littoral, plus favorisée par la température. Cette condition ne sera pas remplie en 1883, puisque la région de Mostaganem sera appelée à concourir pour la prime d'honneur, non-seulement avec Cassaigne, Inkermann et Zemmorah, mais encore avec Saïda et Mascara.

D'autre part, la région de Bel-Abbès où se tient le concours n'est pas appelée à prendre part à la lutte, ce qui nous semble une lacune regrettable.

M. l'inspecteur d'agriculture avait fait espérer, d'après ses négociations avec le ministère, qu'un prix de viticulture serait créé en 1883. La réunion des délégués avait demandé qu'il en soit décerné deux : un premier prix pour les exploitations au-dessus de dix hectares et un deuxième prix pour celles au-dessous. Cette attente n'a pas été réalisée.

Il en est de même pour les encouragements spéciaux demandés par M. Fawtier en faveur des exploitations forestières, du reboisement et de la meilleure méthode d'empêcher le déboisement en Algérie.

—

VII. — CONCOURS DE 1883

Le concours de Bel-Abbès sera une occasion de renouveler ces vœux. En ce qui concerne ceux relatifs à la race chevaline, ils y recevront pleine et entière satisfaction, grâce au récent arrêté ministériel qui y a annexé un concours hippique auquel seront admis tous les producteurs de l'Algérie.

Les prix décernés par le ministère de l'agriculture pour la race chevaline s'élèveront à 12,000 francs, portés à 16,000 francs, grâce à la générosité éclairée de la municipalité de Bel-Abbès. La plus haute récompense (mille francs et une médaille d'or) est réservée aux juments de race barbe, en faveur desquelles 4.500 francs de prix et six médailles ont été prévues. Il ne sera pas décerné moins de 9,500 francs de prix et de 16 médailles à l'ensemble de cette race indigène qu'il importe d'encourager avant toutes les autres. (Au concours de Constantine il n'a été accordé que 2750 francs et 11 médailles à la race barbe pure et à celle barbe-arabe improprement appelée arabe.) La race orientale aura 2,800 francs de récompenses et 7 médailles (à Constantine 2,800 francs et 8 médailles lui avaient eté décernés). Enfin 2500 francs et 5 médailles sont prévus pour les chevaux d'Europe ou croisés (qui à Constantine n'avaient obtenu que 1,750 francs et 8 médailles.) En outre un objet d'art sera décerné par le jury à l'exposant dont l'ensemble de l'exposition présentera le plus de mérite.

Quoique ces dispositions favorables aient été prises un peu tardivement, cette exposition régionale hippique contribuera beaucoup au succès du concours général agricole de Sidi-bel-Abbès, succès qui sera certainement très grand.

Comme l'a dit très-éloquemment M. Bastide

dans son beau livre, Sidi-bel-Abbès est un exemple frappant de ce que peuvent le travail, l'énergie et la persévérance. Nul lieu ne saurait donc être mieux choisi pour assurer la réussite d'un concours.

Si l'on considère les avantages précieux de ces solennités où les agriculteurs viennent puiser des renseignements si utiles pour la bonne conduite de leur exploitation, sur l'usage des instruments les plus perfectionnés et sur les meilleures méthodes pratiques, nous sommes convaincu que, malgré ses finances restreintes, Bel-Abbès ne regrettera pas les sacrifices très-considérables que la municipalité n'a pas hésité à s'imposer dans cette circonstance, en raison de leur profit pour l'intérêt général comme pour celui de la ville même, siège du concours, où les visiteurs afflueront de toutes parts.

LÉON MATHISS

ex-officier de marine,

Délégué du département d'Oran au concours de Constantine.

Table des Matières

www.ingramcontent.com/pod-product-compliance
Ingram Content Group UK Ltd.
Pitfield, Milton Keynes, MK11 3LW, UK
UKHW021908260726
13966UKWH00006B/1287